BEI GRIN MACHT SICH IHR WISSEN BEZAHLT

- Wir veröffentlichen Ihre Hausarbeit,
  Bachelor- und Masterarbeit

- Ihr eigenes eBook und Buch -
  weltweit in allen wichtigen Shops

- Verdienen Sie an jedem Verkauf

Jetzt bei www.GRIN.com hochladen
und kostenlos publizieren

Dimitri Falk

Energiepflanzen als gefragte Produkte auf dem Weltmarkt

Brasilien als Bioethanol-Produzent

GRIN Verlag

Bibliografische Information der Deutschen Nationalbibliothek:

Die Deutsche Bibliothek verzeichnet diese Publikation in der Deutschen National-
bibliografie; detaillierte bibliografische Daten sind im Internet über http://dnb.d-
nb.de/ abrufbar.

Impressum:

Copyright © 2010 GRIN Verlag GmbH
Druck und Bindung: Books on Demand GmbH, Norderstedt Germany
ISBN: 978-3-656-60704-5

Dieses Buch bei GRIN:

http://www.grin.com/de/e-book/269566/energiepflanzen-als-gefragte-produkte-
auf-dem-weltmarkt

GRIN - Your knowledge has value

Der GRIN Verlag publiziert seit 1998 wissenschaftliche Arbeiten von Studenten, Hochschullehrern und anderen Akademikern als eBook und gedrucktes Buch. Die Verlagswebsite www.grin.com ist die ideale Plattform zur Veröffentlichung von Hausarbeiten, Abschlussarbeiten, wissenschaftlichen Aufsätzen, Dissertationen und Fachbüchern.

Besuchen Sie uns im Internet:

http://www.grin.com/

http://www.facebook.com/grincom

http://www.twitter.com/grin_com

RWTH Aachen
Geographisches Institut
Grundseminar Wirtschaftsgeographie
Sommersemester 2010
Hausarbeit

20.04.2010

Energiepflanzen
als gefragte Produkte auf dem Weltmarkt:

Brasilien als Bioethanol-Produzent

Dimitri Falk

Dimitri Falk

2. Semester

Studienfach: B.Sc. Angewandte Geographie

Inhaltsverzeichnis

1 Einleitung

1973 wurde in Deutschland als direkte Reaktion auf die Ölkrise das Sonntagsfahrverbot verhängt – Deutschland stand zumindest auf den Straßen still. Auch wenn die autofreien Sonntage mehr moralischen als energiewirtschaftlichen Charakter hatten, kommt die energiepolitische Debatte seitdem nicht mehr zum Erliegen (Kohl 2007:4). Zudem wird seit mehr als 80 Jahren über die baldige Erschöpfung der Erdöllagerstätten der Erde diskutiert, was fatale Konsequenzen für Wirtschaft und Gesellschaft jener Staaten hätte, die in einem hohen Maß von fossilen Energieträgern abhängig sind. Auch wenn nicht mit einer kurz- bis mittelfristigen Erschöpfung der Ölquellen zu rechnen ist, wird vermutet, dass der Zeitpunkt der maximalen Erdölförderung bereits erreicht oder sogar bereits überschritten ist (Bitzer 2006:22). Dies würde bewirken, dass der Bedarf an Erdöl nicht nicht mehr durch das Angebot gedeckt werden kann, was zumindest das Ende der Verfügbarkeit billigen Erdöls darstellen würde. Aus diesen Gründen wird seitdem nach alternativen Energiequellen gesucht, um die Versorgung mit Strom, Wärme und Treibstoffen sicherzustellen. Der Fokus fällt dabei besonders auf die regenerativen Energien, von denen eine unerschöpfbare Energieversorgung erhofft wird. Die Förderung der erneuerbaren Energien hat in den letzten Jahren kontinuierlich zugenommen und findet sich mittlerweile sowohl in den nationalen, als auch internationalen Gesetzen wieder (Reinhardt/Gärtner 2005:400).

Den Einstieg in das Thema stellt eine Übersicht über die verschiedenen Energieträger der Biomasse, unter anderem die Energiepflanzen, im Kontext anderer regenerativer Energien dar. Anschließend wird die jüngste Entwicklung des Weltmarktes für Biokraftstoffe, einem wichtigen Erzeugnis aus Energiepflanzen, näher beleuchtet. Basierend auf diesen Ausführungen wird nach Ursachen für diesen Trend gesucht, wobei ebenfalls die sozioökonomischen und ökologischen Auswirkungen für die betroffenen Länder vorgestellt werden. Darauf aufbauend wird näher auf Brasilien als Fallbeispiel für zuvor genannte Ursachen und entsprechende Auswirkungen eingegangen. Schließlich wird die gegenwärtige Situation im Sinne der Nachhaltigkeit kritisch bewertet, wobei ein Schwerpunkt auf mögliche zukünftige Aussichten gelegt wird.

Ziel der Arbeit ist es, einen Einblick in die Ursachen und Auswirkungen des wachsenden Weltmarktes für Energiepflanzen, insbesondere für Biokraftstoffe, zu gewinnen, um diese anschließend im Sinne der nachhaltigen Entwicklung zu hinterfragen.

2 Energiepflanzen als Teil der regenerativen Energien

Das Spektrum regenerativer Energien umfasst Windenergie, Photovoltaik, Wasserkraft, Solarthermie, Geothermie und Biomasse (Meurer 2000:16). Unter Biomasse werden sämtliche Stoffe organischer Herkunft zusammengefasst, die durch Photosynthese gebildet werden (Brücher 2009:208). Dabei entstehen energiereiche organische Kohlenstoffverbindungen, indem unter Einfluss der Sonnenstrahlung das sich in der Atmosphäre befindliche CO_2 gebunden wird (Brücher 2009:208). Im Gegensatz zu den anderen regenerativen Energien stellt Biomasse einen speicherbaren Energieträger dar, sodass z.B. anfallende Lücken in der Stromerzeugung durch Wind- und Sonnenenergie gefüllt werden und sich die erneuerbaren Energien dadurch ergänzen können (Brücher 2009:208). Jedoch ist Biomasse die flächenintensivste der erneuerbaren Energien, d.h. sie hat den „mit Abstand höchsten Flächenbedarf pro gewinnbare Energieeinheit" (Brücher 2009:211). Im Gegensatz zu anderen regenerativen Energien, die primär zur Wärme- und Stromerzeugung genutzt werden, nimmt Biomasse eine wichtige Rolle bei der Erzeugung von Kraftstoffen ein (Dahmen et al. 2008:61). Die Energiegewinnung durch Biomasse ist bei nachhaltiger Bewirtschaftung kohlendioxid-neutral, da bei der Verbrennung nur soviel CO_2 freigesetzt wird, wie beim Wachstum der Pflanzen gespeichert wurde (Quaschning 2008:287).

Biomasse lässt sich in zwei Segmente unterteilen und umfasst sowohl ‚Rückstände und organische Abfälle‘, wie Überreste aus land- und forstwirtschaftlicher Produktion, Rest- und Altholz aus dem industriellen Sektor, organische Haus- und Industrieabfälle, als auch ‚Energiepflanzen‘ (Meurer 2000:16). Energiepflanzen sind Pflanzen, die ausschließlich für die energetische Nutzung und nicht für den Verzehr gedacht sind (FNR o.J.). Sie lassen sich des weiteren in Getreideganzpflanzen, Grasarten mit großer Biomasse und schnell wachsende Baumarten untergliedern (Meurer 2000:17). Während Weiden, Erlen und Pappeln zu Holzpellets verarbeitet und zur Wärmeenergiegewinnung genutzt werden, können aus kohlenhydrat- und ölhaltigen Pflanzen Biokraftstoffe wie Pflanzenöle, Biodiesel und Bioethanol gewonnen werden (Nentwig 2005:215). Am einfachsten herzustellen ist das Pflanzenöl, das aus ölhaltigen Pflanzen wie Raps, Soja, Ölpalmen, Sonnenblumen und Purgiernuss durch Pressung bzw. Extraktion in Ölmühlen gewonnen werden kann. Dieses Öl kann entweder direkt als Biokraftstoff verwendet werden oder in einer Umesterungsanlage zu Biodiesel verarbeitet werden (Quaschning 2008:278), der den am meisten getankten Biokraftstoff in der EU darstellt. Bioethanol hingegen wird weltweit am meisten verwendet und kann durch alkoholische Gärung und anschließende Destillation aus zucker- und stärkehaltigen Pflanzen wie Zuckerrohr, Zuckerrüben, Kartoffeln und Getreide, vor allem Mais, gewonnen werden (Brand 2006:24-25).

3 Die Weltmarktsituation für Biokraftstoffe

An den flüssigen Treibstoffen hat Bioethanol weltweit ca. 90% Anteil, die restlichen 10% entfallen auf Biodiesel (Brücher 2009:215). Aufgrund von wirtschaftlichen, politischen und klimatischen Entscheidungen haben sich verschiedene Kerne bezüglich der Erzeugungs- und Konsumgebiete einzelner Biotreibstoffe entwickelt. So findet fast drei Viertel der weltweiten Biodieselproduktion in der EU statt, während in den USA Bioethanol aus Mais und in Brasilien Bioethanol aus Zuckerrohr dominiert. Brasilien und die USA haben einen Anteil von je rund 45% an der weltweiten Produktion, die EU nur 2,6% (Brücher 2009:215). Wie aus Abb. 1 ersichtlich ist, hat sich allein in den Jahren 2000 bis 2005 die weltweite Produktion von Bioethanol mehr als verdoppelt und betrug im Jahr 2005 knapp 40 Mrd. Liter, was vor allem auf den rasanten Anstieg der Produktion in den USA zurückzuführen ist. Die Produktion von Biodiesel hat sich nahezu vervierfacht und belief sich auf etwa 5 Mrd. Liter im Jahr 2005. Prognosen zufolge könnte 2025 der Anteil der Biotreibstoffe am weltweiten Treibstoffverbrauch von aktuell 1,5% auf 10% steigen (Gerling/Gans 2008:58). Die Nachfrage nach geeigneten landwirtschaftlichen Produkten für die Energieerzeugung explodiert, sodass dem entstehenden Bioenergie-Weltmarkt ein Volumen in einer Größenordnung vorausgesagt wird, welches die gegenwärtigen Umsätze des globalen Agrarmarktes deutlich übertrifft (Gerling/Gans 2008:59).

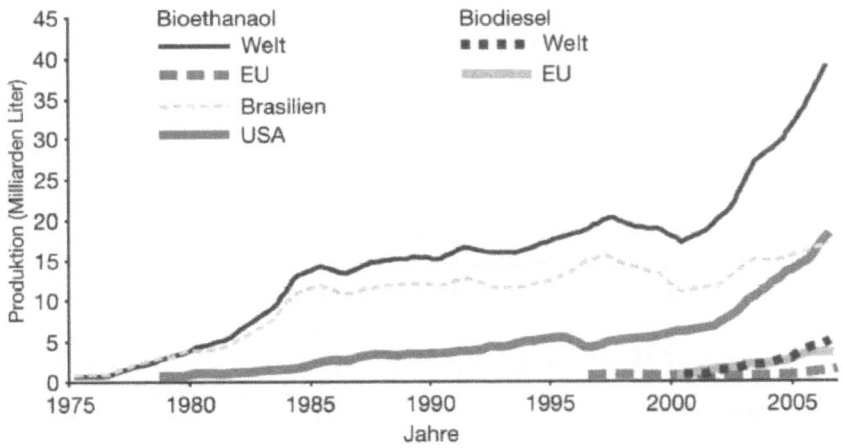

Abb. 1: Biokraftstoffproduktion in Mrd. Litern von 1975-2005 (Gerling/Gans 2008:58)

3.1 Ursachen für den Biokraftstoffboom

Der Grund für den immensen Aufschwung regenerativer Energieträger liegt vor allem in energiepolitischen Entscheidungen. Industrieländer sind stärker denn je auf wirtschaftliches Wachstum fixiert und von der Verfügbarkeit billiger Energie abhängig (Bitzer 2006:22). Vor dem Hintergrund wachsender Weltbevölkerung und somit steigendem Energiebedarf und der Angst vor versiegenden Ölquellen sollen Kraftstoffe aus Biomasse ein zunehmend größerer Ersatz für Importe fossiler Energieträger werden (Brücher 2009:207). Durch die Förderung von Biokraftstoffen wird sich nicht nur eine größere politische Unabhängigkeit von erdölexportierenden Staaten, sondern auch die Ersparnis von Devisen bzw. sogar Gewinne durch Exporte erhofft (Brücher 2009:207). Zudem stellt der Anbau von Energiepflanzen eine willkommene Gelegenheit dar, um der Landwirtschaft neue Zukunftschancen zu verschaffen und somit zur Entwicklung armer Agrarländer beizutragen. Steigende Erdölpreise, technologischer Fortschritt und somit zunehmend effizientere Herstellungsverfahren sowie staatliche Förderprogramme machen die Biokraftstoffe auf dem Weltmarkt konkurrenzfähig (Gerling/Gans 2008:58). In den zurückliegenden Jahren wurden in Deutschland politische Rahmenbedingungen geschaffen, die den „erneuerbaren Energien trotz ihrer vergleichsweise noch hohen Energiebereitstellungskosten die Chance geben, sich im Markt zu etablieren" (Kohl 2007:5). Ein deutlicher Ausbau der Nutzung regenerativer Energieträger wurde für den Strombereich durch das Erneuerbare-Energie-Gesetz (EEG) und für den Kraftstoffbereich durch eine Befreiung von der Mineralölsteuer sowie durch das Biokraftstoffquotengesetz bewirkt (Hansen 2009:15). Aufgrund von Steuerausfällen durch die steuerliche Begünstigung von Biokraftstoffen soll jedoch bis zum Jahr 2012 eine Angleichung der Steuersätze für Biotreibstoffe und konventionelle Treibstoffe stattfinden (Quaschning 2008:287). Um den Markt für Biotreibstoffe jedoch nicht zum Erliegen zu bringen, sind in Deutschland seit 2007 durch Einführung des Biokraftstoffquotengesetzes alle Unternehmen, die Kraftstoffe vertreiben, verpflichtet einen gesetzlich bestimmten Mindestanteil von Biokraftstoffen zu konventionellen Treibstoffen beizumischen (BMU 2007:32). Für das Jahr 2010 gilt eine Quote von 6,75%, die im Laufe der nächsten Jahre noch weiter gesteigert werden soll (BMU 2007:32). Durch begrenzte Anbaupotentiale ist Deutschland in einem hohen Maße von importierten Energieträgern abhängig (Hake/Eich 2002:22).

Schließlich sorgte auch die aktuelle Diskussion über die Reduzierung von CO_2-Emissionen dafür, dass Biokraftstoffe weiter in den Vordergrund gerieten, denn sie weisen im Vergleich zur Verbrennung von Erdöl eine weitaus klimafreundlichere CO_2-Bilanz vor. Ergebnis dieser Ursachen ist ein „globaler, durch immer opulentere nationale Steuervergünstigungs- und Subventionsprogramme aufgeheizter Biokraftstoffboom" (Gerling/Gans 2008:58-59).

3.2 Auswirkungen des Biokraftstoffbooms

Biokraftstoffe erscheinen vor dem Hintergrund des aktuellen Erdölpreises von 86 USD pro Barrel als eine Alternative für den konventionellen Kraftfahrzeugantrieb, wenn berücksichtigt wird, dass ein Ölpreisniveau von 30 USD die kritische Grenze der Wirtschaftlichkeit für Bioethanol darstellt (Dünckmann 2000:25). Jedoch dürfen die sozioökonomischen und ökologischen Auswirkungen, welche der Boom nach sich zieht, nicht vernachlässigt werden. Sie bergen bei kritischer Betrachtung nämlich nicht nur Chancen, sondern auch eine große Anzahl an Risiken (Gerling/Gans 2008:58).

3.2.1 sozioökonomisch

Für arme Agrarländer erwachsen durch den Anbau von Energiepflanzen vielversprechende Möglichkeiten, denn sie weisen klare Produktionsvorteile auf, die in klimatischen Bedingungen und in niedrigen Produktionskosten liegen (Gerling/Gans 2008:59). Aus modernisierungs-theoretischer Perspektive trägt der Anbau von Energiepflanzen in Plantagen entscheidend zum Aufbau einer tragfähigen Volkswirtschaft bei, indem durch die effiziente Produktionsform wichtige Devisen erwirtschaftet, eine Basisinfrastruktur aufgebaut und durch Impulse auf vor- und nachgelagerte Produktionsbereiche Arbeitsplätze geschaffen werden (Dünckmann 2004:5). Ebenfalls werden durch die verstärkte Verwertung von Biomasse CO_2-Gutschriften im Rahmen des Emissionshandels nach dem Kyoto-Protokoll eingebracht, sodass Entwicklungsländern bis 2012 in etwa 10-30 Mrd. USD zufließen könnten (Gerling/Gans 2008:60).

Aus dependenztheoretischer Perspektive trägt die Plantagenwirtschaft jedoch nur bedingt zur Entwicklung eines Landes bei, denn die Produktion ist ausschließlich auf den Export ausgerichtet, erwirtschaftete Gewinne fließen aus dem Land ab und Impulse auf vor- und nachgelagerte Produktionsbereiche werden als mäßig eingestuft, da die Betriebe nur schwach mit der nationalen Wirtschaft vernetzt sind (Dünckmann 2004:5). Zudem trägt eine einseitig ausgerichtete Plantagenwirtschaft dazu bei, dass die Abhängigkeit von Weltmarktprodukten erhöht wird, wodurch die Anfälligkeit der Volkswirtschaft gegenüber Preisschwankungen auf dem Weltmarkt steigt (Dünckmann 2004:6). Die staatliche Förderung kommt vor allem den Besitzern der großen Zuckerrohrplantagen, den Inhabern der Weiterverarbeitungsbetriebe und den Autofahrern, die den Biokraftstoff nutzen, zugute. Diese Subventionen lassen die wirklich Bedürftigen, die ländliche Bevölkerung der Entwicklungsländer, außer Acht (Gerling/Gans 2008:61), sodass sie dabei zu den eindeutigen Verlierern der Globalisierung zählen. Selbst wenn für sie neue Beschäftigungsmöglichkeiten entstehen, so sind diese sehr stark vom

Weltmarkt oder von den politischen Beziehungen abhängig, sodass sie besonders verwundbar gegenüber Veränderungen in diesen Bereichen sind (Neuburger 2003:12). Diesen in die Globalisierung eingebundenen Gruppen stehen „Bevölkerungsschichten gegenüber, die aus diesen Prozessen zunehmend ausgegrenzt werden und keine Chance haben, ihr Leistungsvermögen oder andere eigene Ressourcen einzubringen und an den globalen Verflechtungen teilzuhaben" (Neuburger 2003:12), denn die neuen Marktchancen sind meist mit Anforderungen hinsichtlich Qualität und Termintreue verbunden, denen Kleinbauern nur schwer genügen können (Rauch 2006:46). Als Folge werden sie aus den wirtschaftlichen, gesellschaftlichen und sozialen Bereichen zunehmend ausgegrenzt (Neuburger 2003:17), sodass es trotz ökonomischer Gewinne zu einer Verstärkung der globalen Disparitäten kommt.

Die gestiegene Nachfrage nach Energiepflanzen lässt zudem nicht nur deren Preise steigen, sondern aufgrund der direkten „Konkurrenz um Nutzflächen die aller landwirtschaftlichen Produkte sowie die der Nutzflächen selbst" (Gerling/Gans 2008:59). Steigende Bodenpreise bewegen Kleinbauern zunehmend zum Verkauf an Großbetriebe. Sie verbleiben dann als Lohnarbeiter auf den Feldern oder wandern als unqualifizierte Arbeitskräfte in die Städte ab. Die bestehende Armut von nicht in der Landwirtschaft beschäftigten und von Subsistenzbauern ohne Produktionsüberschüsse wird zudem durch steigende Lebensmittelpreise verstärkt (Gerling/Gans 2008:59). Höhere Profite bei Energie- gegenüber Nahrungspflanzen drohen die weltweite Ernährungsbasis aufs Spiel zu setzen, sowie Hungerkatastrophen in armen Regionen und soziale Fragmentierung zu schüren (Gerling/Gans 2008:59). Quaschning (2008:287) merkt daher folgerichtig an, dass es moralisch höchst bedenklich ist Lebensmittel zu Biotreibstoffen verarbeiten, wenn dadurch immer mehr Menschen Probleme haben sich überhaupt Grundnahrungsmittel zu leisten.

3.2.2 ökologisch

Zum Vorteil der energetischen Nutzung pflanzlicher Biomasse gehört der geschlossene CO_2-Kreislauf, wenn die verbrauchte Biomasse im selben Umfang nachgeforstet bzw. wieder angebaut wird, sodass im Idealfall keine weiteren Treibhausgase freigesetzt und somit der Treibhauseffekt nicht verstäkt wird (Nentwig 2005:212). Zudem enthält sie weniger als 0,1% Schwefel und hinterlässt nur 3-5% Asche, wodurch im Vergleich zu fossilen Brennstoffen der saure Regen und der Deponiebedarf für Verbrennungsrückstände reduziert wird (Nentwig 2005:212).

6

Dem steht allerdings ein großer Flächenbedarf aufgrund der geringen Energiedichte beim Anbau von Energiepflanzen gegenüber, sodass ein starker Nutzungsdruck auf die ohnehin schon beschränkten Naturlebensräume entsteht (Nentwig 2005:218). Dies behindert die Realisierung anderer Nachhaltigkeitsziele, die ebenfalls Flächen benötigen, wie etwa für eine verstärkte Ausweitung des Ökolandbaus im Rahmen einer Agrarwende oder für diverse Naturschutzbelange (Reinhardt/Gärtner 2005:400). Wird für den Anbau von Biomasse Tropenwald gerodet, setzt dies durch die übliche Brandrodung erhebliche Mengen an Kohlendioxid frei. Der nachfolgende Anbau von Rohstoffen für die Gewinnung von Biotreibstoffen kann das bei der vorausgehenden Brandrodung entstandene Kohlendioxid nicht wieder ausgleichen und weist dann über viele Jahre eine negative CO_2-Bilanz auf (Quaschning 2008:289). Aber selbst durch den Anbau von nachwachsenden Rohstoffen auf bereits bestehenden Flächen lässt sich der Idealfall nicht erreichen, da für Düngemittel, Transport und Arbeitsprozesse bisher fast ausnahmslos fossile Energieträger eingesetzt werden (Brücher 2009:209). Hinzu kommt, dass der Anbau in Monokulturen zu einer Bodenbelastung durch den intensiven Einsatz von Düngern und Pflanzenschutzmitteln führt, sodass nicht nur eine Degradation und Erosion der Böden gefördert wird, was den Erhalt der Biodiversität erschwert, sondern durch die Ausweitung der Nutzflächen auch natürliche Schutzwälle gegen Hochwasser und das Voranschreiten der Wüste zerstört werden (Gerling/Gans 2008:60). Darüber hinaus könnten die Anbaumethoden die Kontaminierung von Wasser und eine unkontrollierbare Kreuzung von genetisch veränderten Pflanzen mit Wildpflanzen mit unvorhersehbaren ökologischen Konsequenzen bewirken (Gerling/Gans 2008:60). Zudem resultieren erhebliche ökologische Probleme aus dem hohen Wasserbedarf und dem Abfall an Schlempe bei der Ethanolherstellung. Das organisch hoch belastete Abwasser muss fachgerecht entsorgt werden, da es ganze Ökosysteme zerstören kann, wenn es ungeklärt in den Fluss geleitet wird (Meurer 2000:19). Berücksichtigt werden muss ebenfalls das beim Anbau von Energiepflanzen freigesetzte Distickstoffmonoxid. Dieses Treibhausgas wird während des gesamten Lebensweges von Energiepflanzen, besonders bei intensiver Stickstoffdüngung, freigesetzt und schädigt die stratospärische Ozonschicht, woraus sich Zunahmen der UV-Strahlung und damit Schädigungen der Biosphäre ergeben (Meurer 2000:18).

Die Herstellung von Biokraftstoffen erfordert zudem einen hohen Energieinput während des Anbaus von Energiepflanzen, bei deren Ernte, Verarbeitung und beim Transport (Wengenmayr 2008:67). So bleiben vom Bruttoenergieertrag von z.B. Zuckerrüben, die zu den wirtschaftlichsten Energiepflanzen zählen, bei der Umwandlung zu Bioethanol nur 21% als Nettoenergieertrag übrig (Meurer 2000:21). Trotz der positiven Energiebilanz ist die Herstellung von Biokraftstoffen vor dem Hintergrund der CO_2-Bilanz und zuvor genannten ökologischen Auswirkungen höchst umstritten.

4 Brasilien als Bioethanol-Produzent

Brasilien war 1973 von der Verteuerung des Rohöls auf dem Weltmarkt, der mit dem Ausbruch der ersten Ölkrise zusammenhing, stark betroffen. Als Reaktion initiierte die brasilianische Regierung 1975 das breit angelegte Programm PROÁLCOOL, in dessen Rahmen der Einsatz von Äthylalkohol als Biotreibstoff gefördert wurde (Dünckmann 2000:22). Dieser aus Zuckerrohr hergestellte Energieträger sollte dazu beitragen, dass Devisen durch die Substitution von Importen eingespart werden, die zukünftige Anfälligkeit Brasiliens gegenüber Preisschwankungen auf dem Weltmarkt gemindert und zudem eine weitestgehende politische Autarkie erreicht wird (Dünckmann 2000:22). Zudem litt die nationale Zuckerrohrwirtschaft zu diesem Zeitpunkt unter dem niedrigen Preisniveau für Zucker auf dem Weltmarkt, sodass neben einem alternativen Absatzmarkt für die Produktion auch neue Arbeitsplätze im Zuckerrohranbau, in der Weiterverarbeitung und der Automobilindustrie geschaffen werden sollten (Dünckmann 2000:22). Die Regierung förderte das Programm, indem sie umfangreiche Kredite mit niedrigen Zinssätzen vergab, zahlreiche staatliche Forschungsinstitute zur Bewältigung technischer Probleme gründete und zudem den Bioethanolpreis auf maximal 65% des Benzinpreises festlegte (Dünckmann 2000:23). Bis Mitte der 1980er Jahre stellte sich das Programm als äußerst erfolgreich dar. So wuchs die jährliche Produktionsmenge von 600 Mio. Litern im Jahr 1976 auf 11,8 Mrd. Liter in den Jahren 1985/86 (Dünckmann 2000:23). Ende der 1980er Jahre brach das Programm jedoch hauptsächlich wegen des zugleich billigen Öls und teuren Zuckers zusammen (Brücher 2009:219). Erst mit dem Wiederanstieg des Ölpreises und dem Absacken des Zuckerpreises kam es im 21. Jahrhundert zu dem bisher anhaltenden Boom des Bioethanol. Zum Durchbruch verholfen haben das niedrige Preisniveau für Bioethanol und der Siegeszug des Spezialmotors FFV, der sich mit einem Bioethanolanteil zwischen 0-85% betanken lässt, günstiger im Verbrauch ist und bis zu 80% an CO_2 einspart (Brücher 2009:219).

Auf fast 6 Mio. Hektar Landfläche wird jährlich ein Ertrag 400 Mio. Tonnen Zuckerrohr gewonnen, aus denen zum gleichen Anteil Zucker und Ethanol gewonnen wird, sodass sich die Produktion relativ flexibel den Schwankungen des Weltmarktpreises für Zucker oder Erdöl anpassen lässt (Brücher 2009:219). Das beflügelt neben der Gesamtproduktion den Export von bereits 15% der Bioethanolproduktion, besonders nach China, Japan und in die USA (Brücher 2009:219). Aus volkswirtschaftlicher Perspektive sind Biokraftstoffe als erfolgreich zu bewerten, denn der Absatz der Energiepflanzen und der daraus gewonnenen Kraftstoffe schlägt sich in einer gestiegenen Beschäftigung und Wirtschaftsleistung Brasiliens nieder. 2005 waren im Zuckerrohranbau des Landes ca. 1 Mio. Menschen mit einem Saisonarbeiteranteil von 35% beschäftigt. Zudem entstanden weitere 300.000 Arbeitsplätze in der verarbeitenden Industrie (Gerling/Gans 2008:60). Die nationale Produktion von Biotreibstoffen erlaubt außerdem eine erhebliche Importsubstitution und verringert dadurch den Abfluss von Devisen, die das verschuldete Land zur Abzahlung der Kredite benötigt. Seit 1975 konnten durch Subventionen in Höhe von 9 Mrd. USD durch die Biokraftstoffproduktion ca. 100 Mrd. USD einspart werden. (Gerling/Gans 2008:60). Die für 2025 angestrebte Verachtfachung der aktuellen brasilianischen Bioethanolproduktion könnte zur Deckung von 5% der Weltbenzinnachfrage, zu einer Steigerung des BIP um 11,4% sowie zu 5 Mio. Arbeitsplätzen führen (Gerling/Gans 2008:60).

Die einseitige staatliche Förderung von Großbetrieben führte zu einer Verstärkung regionaler Disparitäten und zu einer Schwächung der Wettbewerbsposition von Kleinbauern. So wird der erhöhte Flächenbedarf beim Anbau vor allem auf deren Kosten durch die illegale Expansion der Großbetriebe gedeckt, sodass kleinbäuerliche Siedler zum Teil sogar gewaltsam aus den wirtschaftlich günstigen Lagen verdrängt werden (Dünckmann 2000:26). Außerdem können diese Familien, die bislang für den lokalen und regionalen Markt produziert haben, nicht mit den Preisen der angebotenen Güter nationaler und transnationaler Anbieter konkurrieren. Als Folge sind sie meist gezwungen ihre Marktproduktion aufzugeben, wodurch sie ihr Einkommen verlieren (Neuburger 2003:15). Sie wandern schließlich in Slums ab, ziehen sich in die Subsistenzwirtschaft zurück oder bleiben vorübergehend während der Erntezeit als rechtlose Tagelöhner auf den Plantagen (Gerling/Gans 2008:61). Dort helfen sie ohne rechtliche Absicherung einige Monate bei der Ernte aus, um von dem Geld ihre Familie zu ernähren. Der Arbeitsaufwand auf den Zuckerrohrplantagen steht in keiner Relation zum Lohn und führt zudem aufgrund der körperlich anspruchsvollen Arbeit häufig zu Gesundheitsschäden (Gutberlet 2002:25). Zudem haben die geringe Kaufkraft der breiten Bevölkerung und die begrenzte Attraktivität des Nahrungsmittelbereichs, in dem staatlich festgesetzte Höchstpreise die Gewinnmöglichkeiten beschränken, in Brasilien den Anbau von Pflanzen für den Energiemarkt gefördert (Dünckmann 2000:26). Die hohen Wachstumsraten in der Landwirtschaft bewirkten keine Verbesserung der Lebensbedingungen des Großteils der ländlichen Bevölkerung, sodass es zu einer zunehmenden sozialen Ungleichheit und Fragmentierung der Gesellschaft kommt (Dünckmann 2004:6). Es mangelt an einer den kleinbäuerlichen Verhältnissen angepasste Agrarpolitik, am Zugang zu Agrarkrediten und an nötigen Produktionsmitteln, an notwendiger Infrastruktur zur Vermarktung und an Informationen zu Möglichkeiten nachhaltiger Bewirtschaftung (Gutberlet 2002:22). Außerdem legte sich der Staat auf die Förderung des Individualverkehrs fest und verpasste dadurch die Gelegenheit einen flächendeckenden ÖPNV aufzubauen, der nicht nur allen Bevölkerungsschichten hätte zugute kommen können, sondern auch zu einer ausgeprägteren Verbesserung der Luftqualität in den Städten geführt hätte (Dünckmann 2000:26).

Der Flächenbedarf für die Monokulturen in Brasilien ist immens und hat durch Mangel an fruchtbarem Boden den Nutzungsdruck auf andere Gebiete wie das Amazonasbecken verstärkt. Es kommt daher zur „Rodung des spärlich bewachsenen Cerrado's und der von den Bauern als Reserve betrachteten Flächen, insbesondere der Galleriewälder" (Gutberlet 2002:24). Rodungen haben vielerorts natürliche Rückhaltebecken zerstört und begünstigen somit Flutkatastrophen (Gerling/Gans 2008:61). Beim Zuckerrohranbau ist es außerdem üblich die Felder vor der Ernte abzubrennen, wodurch einerseits die überflüssige Biomasse der Blätter reduziert und die Produktivität der Ernte gesteigert wird und andererseits die Gefahr für die Arbeiter, bei der Ernte von Giftschlangen verletzt zu werden, gemindert wird (Dünckmann 2000:26). Folglich kam es in einigen Anbauregionen aufgrund atmosphärischer Rauchbelastung während der Erntezeit zu schwerwiegenden Atemwegserkrankungen bei der Bevölkerung (Dünckmann 2000:26). Jedoch ist die CO_2-Bilanz bei der Herstellung von Bioethanol in Brasilien auf bereits vorhandenen landwirtschaftlichen Flächen deutlich besser als beispielsweise in den USA. Die Energie zur Herstellung von Bioethanol wird größtenteils aus den anfallenden Rückständen des Zuckerrohrs und nicht aus fossilen Energien gewonnen, wodurch die Verarbeitung weitgehend kohlendioxidneutral ist (Quaschning 2008:289). Der nicht nachhaltige Umgang mit Dünge- und Pflanzenschutzmitteln führt allerdings zu einem Rückgang der Bodenfruchtbarkeit der genutzten Flächen und deren Biodiversität, was durch die verstärkte Erosion des Bodens die Ausweitung der landwirtschaftlichen Nutzflächen fördert (Gutberlet 2002:25).

5 Bewertung des Status quo und zukünftige Aussichten

In der Debatte um eine in die Zukunft gerichtete gesellschaftliche Entwicklung spielt der Begriff der nachhaltigen Entwicklung eine zentrale Rolle. Er bezeichnet ein Konzept, bei dem die Verbindung von ökonomischen Fortschritt mit dem Erhalt der natürlichen Umwelt und sozialer Gerechtigkeit im Vordergrund steht (Hake/Eich 2002:6). Das Konzept der nachhaltigen Entwicklung verknüpft also die „Frage der Bewahrung der natürlichen Lebensgrundlagen für nachfolgende Generationen mit dem Anspruch der derzeit lebenden Menschen auf wirtschaftlichen Wohlstand und soziale Entwicklung" (Hake/Eich 2002:6). Dem dreidimensionalen Modell der nachhaltigen Entwicklung liegt dabei die Annahme zugrunde, dass die tragenden Säulen durch die Wirtschaft, die Gesellschaft und die Umwelt dargestellt werden (Hake/Eich 2002:9). Vor dem Hintergrund der zuvor ausgeführten ökonomischen, sozialen und ökologischen Auswirkungen, die durch den politisch initiierten Biokraftstoffboom verursacht wurden, kann die jüngste Entwicklung jedoch nicht als nachhaltig bezeichnet werden.

Eines der Kernprobleme in der Landwirtschaft, nicht nur beim Anbau von Energiepflanzen, ist die strukturelle Benachteiligung der kleinbäuerlichen Bevölkerung, die durch die ungleiche Verteilung von Produktionsmitteln, Kapital und Information keinen konkurrenzfähigen Anschluss an den globalisierten Markt findet, was zu voranschreitender Fragmentierung der Gesellschaft führt. Im Rahmen einer nachhaltigen Landnutzungplanung gilt es dementsprechend „Impulsgeber auf kleinräumiger Ebene zu etablieren und auf die Partizipation lokaler Bevölkerungsgruppen zu achten" (Gerling/Gans 2008:63). Durch die Errichtung von Destillerien und Biogasanlagen auf lokaler Ebene wird nicht nur die Verwertung verschiedener Energiepflanzen ermöglicht, sondern auch ein Schutz vor externer Ausbeutung und den internationalen Preisschwankungen geschaffen (Gerling/Gans 2008:63). Ein möglicher Ansatz zur Schaffung positiver Effekte auf die Regionalentwicklung wäre ebenfalls die Etablierung von Nukleus-Plantagen, die eine Mischform aus kleinbäuerlichen Strukturen und am Weltmarkt konkurrierenden Betrieben darstellt. Bei dieser Organisationsform steht eine moderne Plantage mit eigenen Anbauflächen und Fabrikationsanlagen im Mittelpunkt, deren Kapazität so ausgelegt ist, dass neben der eigenen Ernte noch in größerem Umfang die Erzeugnisse von Kleinbauern verarbeitet werden kann (Nuhn 2006:43). Richtlinien für die Produktion und der Vertrieb des Endprodukts werden von der Leitung der Plantage übernommen. Die Kleinbauern besitzen den Status von Aktionären und sind dadurch direkt am Wirtschaftsergebnis des Unternehmens beteiligt. Sie erhalten in der Regel von staatlichen Organisationen oder direkt von der Plantage Kredite und betriebliche Beratung sowie Saatgut, Düngemittel und Pestizide (Nuhn 2006:43). Zudem besteht die Möglichkeit für Kleinbauern sich auf den ökologischen Landbau zu spezialisieren, der Studien zufolge in Asien, Afrika und Südamerika eine Ertragssteigerung von 20-50% mehr als in den Industrieländern beschert (Gerling/Gans 2008:64). Durch den Ökoanbau werden nicht nur Produktivitätssteigerungen auf den dort typischerweise kleinen Flächen und ausgelaugten Böden, sondern auch Einsparungen bei Saatgut und Düngemitteln sowie eine Verringerung des Anbaurisikos durch Diversifizierung erreicht (Gerling/Gans 2008:64).

Das zweite grundlegende Problem ist die erforderliche Fläche für den Anbau von Energiepflanzen, die bei weitem nicht vorhanden ist, obendrein in Konkurrenz zu anderen Nutzungsformen tritt oder deren Nutzung ökologisch nicht vertretbar ist (Brücher 2009:222). Eine Alternative stellen hierbei sich derzeit in der Entwicklung befindende Biotreibstoffe der zweiten Generation, wie Biomass-to-Liquid oder Biogas dar, die das Argument der begrenzten Anbaupotenziale zwar nicht völlig entkräften, aber zumindest entschärfen. Darunter wird einerseits die synthetische Herstellung von flüssigen Biotreibstoffen aus Biomasse, andererseits die Erzeugung von Methan aus Biomasse, das durch bakterielle Vergärung in feuchter Luftumgebung unter Luftabschluss entsteht, verstanden (Quaschning 2008:281). Hierzu lässt sich im Gegensatz zu Biotreibstoffen der ersten Generation ein breites Spektrum an Biomasse, wie z.B. Stroh, Bioabfall, Restholz oder auch spezielle Energiepflanzen, nutzen. Dadurch entsteht nicht nur eine wirtschaftliche Möglichkeit zur Entsorgung von Abfällen, sondern es kommt auch zu einer enormen Erhöhung des Potenzials und des möglichen Flächenertrags für Biotreibstoffe, da die Biomasse komplett verarbeitet werden kann (Quaschning 2008:280-281). So können Bäume und Sträucher, die wenig Wasser verbrauchen, auf unfruchtbarem Ödland angebaut und ganzjährig geerntet werden, sodass weder Waldbestände zur Schaffung landwirtschaftlicher Nutzfläche gerodet werden müssen, noch eine Konkurrenz zur Nahrungsmittelproduktion geschaffen wird (Brücher 2009:214). Wegen des höheren Energiegehalts, des zugleich niedrigen Inputs an Energie bei der Herstellung und der geringeren Treibhausgasverursachung, gelten die Biotreibstoffe der zweiten Generation als wirtschaftlich und umweltfreundlich, sodass in ihnen das Potential zur Förderung der ländlichen Entwicklung gesehen wird (Gerling/Gans 2008:64).

Biokraftstoffe sollten aufgrund der beschränkten Anbaupotentiale nicht als Hauptenergiequelle der Zukunft gesehen werden. Vielmehr wird ein ausgewogener Energiemix aus allen regenerativen Energien, inklusive der Fusionsenergie, empfohlen (Gerling/Gans 2008:63). Parallel dazu sollte mehr auf die Effizienz der Energienutzung geachtet werden, als auf die Expansion der Anbauflächen. Den effektivsten Beitrag zum Klimaschutz leistet Bioenergie z.B. bei der Verdrängung von Kohle im Stromsektor und nicht als Kraftstoff (WBGU 2008:192). Laut Kohl (2007:9) wird eine nachhaltige Energieversorgung nur dann möglich, wenn Energieeinsparung, Effizienzsteigerung und der Ausbau der erneuerbaren Energien zugleich vorangetrieben werden. Unausgeschöpfte Verbesserungspotentiale in der Landwirtschaft müssen ebenfalls aus Gründen der Effizienz realisiert werden (Gerling/Gans 2008:62).

6 Zusammenfassung

Zusammenfassend lässt sich festhalten, dass Energiepflanzen, neben den anderen regenerativen Energien, eine immer wichtigere Rolle für die Energieversorgung der Zukunft spielen werden. Zwar verbergen sich durch den aktuell andauernden und politisch motivierten Biokraftstoffboom für partizipierende Länder durchaus Chancen zur Entwicklung, vor dem Hintergrund der ökologischen und sozioökonomischen Auswirkungen wird der Trend jedoch nicht automatisch zu einer nachhaltigen Entwicklung führen. Es ist dringend eine Anpassung der ökonomischen, sozialen und ökologischen Rahmenbedingungen auf lokaler, nationaler und globaler Ebene nötig, damit bestehende negative Trends nicht noch weiter verstärkt werden.

Literaturverzeichnis

Bitzer, K. (2006): Erdölwirtschaft im Mittleren Osten: Wie lange noch? In: Geographische Rundschau 58(11), 22-28.

Brand, R. (2006): Die Förderpolitik für Biokraftstoffe in Frankreich und der Bundesrepublik Deutschland im Vergleich. In: Bechberger, M./Reiche, D. (Hrsg.) (2006): Ökologische Transformation der Energiewirtschaft – Erfolgsbedingungen und Restriktionen. Berlin: Erich Schmidt Verlag, 23-38.

Brücher, W. (2009): Energiegeographie – Wechselwirkungen zwischen Ressourcen, Raum und Politik. Berlin: Gebrüder Borntraeger Verlagsbuchhandlung.

Bundesministerium für Umwelt, Naturschutz und Reaktorsicherheit (BMU) (Hrsg.) (2007): Erneuerbare Energien in Zahlen – nationale und internationale Entwicklung. Paderborn: Bonifatius.

Dahmen, N./Dinjus, E./Henrich, E. (2008): Synthetic Fuels from the Biomass. In: Bührke, T./Wengenmayr, R. (Hrsg.) (2008): Renewable Energy. Weinheim: Wiley-VCH Verlag, 61-65.

Dünckmann, F. (2000): Das brasilianische PROÁLCOOL-Programm – Biokraftstoff aus Zuckerrohr. In: Geographische Rundschau 52(6), 22-27.

Dünckmann, F. (2004): Plantagen im Weltwirtschaftssystem heute. In: Geographische Rundschau 56(11), 4-9.

Fachagentur Nachwachsende Rohstoffe e.V. (FNR) (o.J.): Energiepflanzen. <http://www.energiepflanzen.info/pflanzen.html> abgerufen am 15.04.2010.

Gerling, K./Gans, P. (2008): Biokraftstoffboom: Segen oder Fluch für die Agrarländer des Südens? In: Geographische Rundschau 60(4), 58-65.

Gutberlet, J. (2002): Auflösung kleinbäuerlicher Landwirtschaft in Mato Grosso (Brasilien). In: Geographische Rundschau 54(11), 22-26.

Hake, J.-F./Eich, R. (2002): Auswirkungen von „Nachhaltiger Entwicklung" auf den Energie-
sektor. In: Hake, J./Eich, R./Kleemann, M./Pfaffenberger, W. (Hrsg.) (2002): Erneuerbare
Energien: Ein Weg zu einer Nachhaltigen Entwicklung? Jülich: Forschungszentrum
Jülich (= Energietechnik 22), 6-39.

Hansen, H. (2009): Chancen und Risiken des Anbaus und der Nutzung von nachwachsenden
Rohstoffen im Bereich Bioenergie. In: Lentz, S./Wardenga, U. (Hrsg.) (2009): Vom
Landwirt zum Energiewirt – die Landwirtschaft Südosteuropas zwischen Euphorie und
Skepsis. Leipzig: Leibnitz-Institut für Länderkunde (= Forum IFL 10), 13-17.

Kohl, H. (2007): Regenerative Energieträger im Aufwind. In: Bührke, T./Wengenmayr, R. (Hrsg.)
(2007): Erneuerbare Energien. Weinheim: Wiley-VCH Verlag, 4-11.

Meurer, M. (2000): Nachwachsende Energiepflanzen und biogene Reststoffe – Ökologische
und ökonomische Alternative oder Sackgasse? In: Geographische Rundschau 52(6),
16-21.

Nentwig, W. (2005[2]): Humanökologie. Berlin: Springer-Verlag.

Neuburger, M. (2003): Neue Armut im ländlichen Brasilien – Kleinbäuerliche Familien in einer
globalisierten Welt. In: Geographische Rundschau 55(10), 12-19.

Nuhn, H. (2006): Wandel in der Plantagenwirtschaft. In: Geographische Rundschau 58(12),
38-45.

Quaschning, V. (2008): Erneuerbare Energien und Klimaschutz. München: Carl Hanser Verlag.

Rauch, T. (2006): Zum Fortbestehen Verurteilt – Kleinbauern der Länder des Südens im
Globalisierungsprozess. In: Geographische Rundschau 58(12), 46-53.

Reinhardt, G. A./Gärtner, S. O. (2005): Biokraftstoffe made in Germany: Wo liegen die
Grenzen? In: Natur und Landschaft 80(9/10), 400-402.

Wengenmayr, R. (2008): Does the Future belong to Biogas? In: Bührke, T./Wengenmayr, R.
(Hrsg.) (2008): Renewable Energy. Weinheim: Wiley-VCH Verlag, 67.

Wissenschaftlicher Beirat der Bundesregierung Globale Umweltveränderungen (WBGU) (Hrsg.) (2008): Welt im Wandel: Zukunftsfähige Bioenergie und nachhaltige Landnutzung – Jahresgutachten 2008. <http://wbgu.de/wbgu_jg2008.pdf> abgerufen am 07.04.2010.